# NOTICE

SUR

# L'ASSOLEMENT TRIENNAL

S

26490

G.

# NOTICE

SUR

# L'ASSOLEMENT TRIENNAL

PAR

## JOSEPH DUFOUR

Ancien Procureur général à la Cour d'appel de Savoie,
ancien Président du Comice agricole de Rumilly
et membre correspondant du Comité consultatif d'agriculture
du département de la Haute-Savoie,
Chevalier de l'ordre impérial de la Légion d'honneur
et de l'ordre des SS. Maurice et Lazare.

ANNECY
IMPRIMERIE LOUIS THÉSIO

—

1868

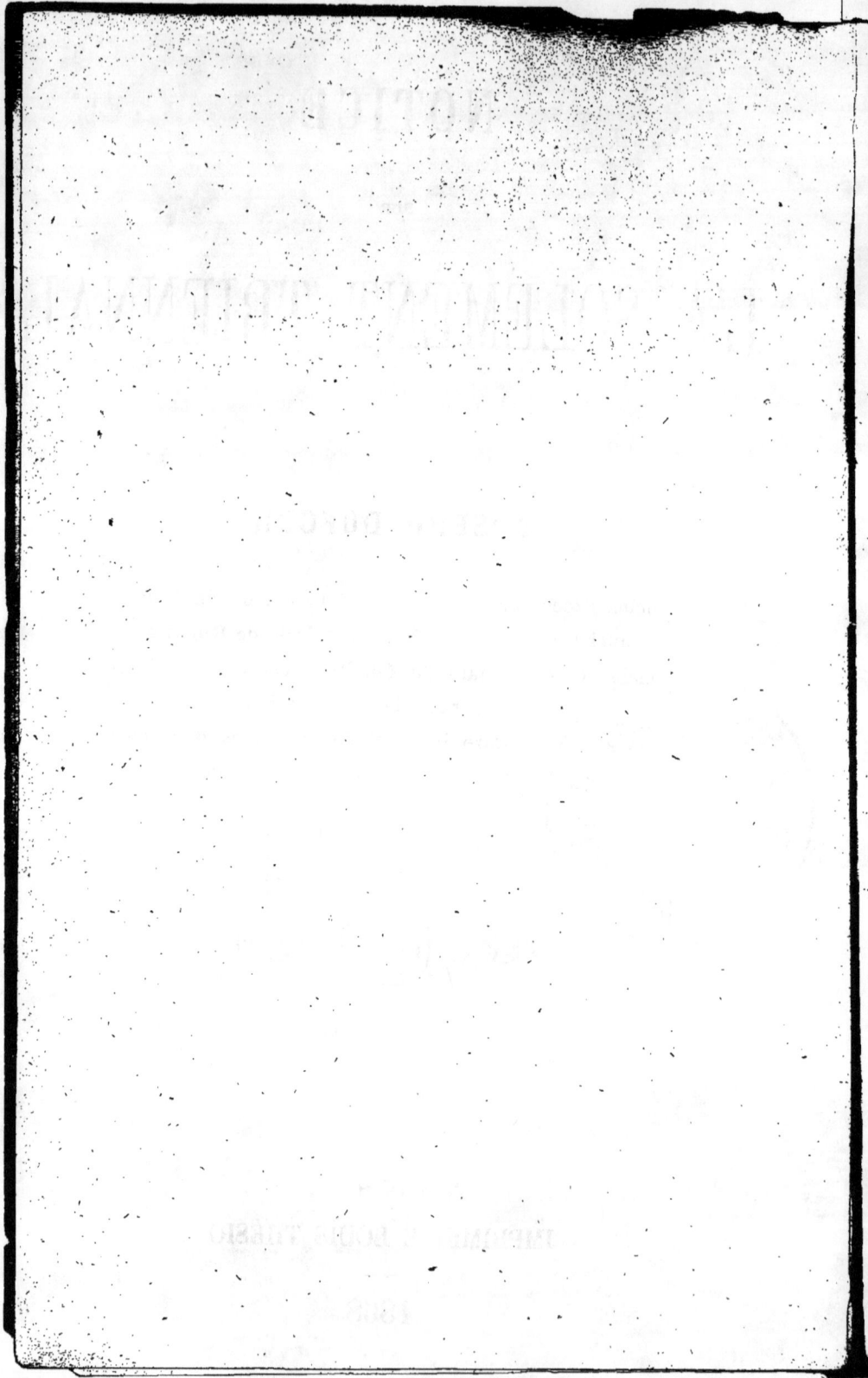

La pratique des assolements est très ancienne : elle est mentionnée par les anciens auteurs, notamment par Columelle en son traité sur l'agriculture ; elle doit son origine à l'expérience. A toutes les époques, les agriculteurs ont observé que la terre se lasse de produire pendant plusieurs années les mêmes espèces de céréales. A la campagne personne n'ignore que l'on ne doit pas faire succéder à une culture de froment une autre culture de froment. La deuxième culture n'est plus aussi abondante, une troisième l'est encore moins.

J'ai connu un agriculteur qui, par curiosité, a poursuivi cette culture pendant sept ans, sur un sol de peu d'étendue, mais de bonne qualité. Les récoltes diminuaient chaque année, et à la septième le froment était tellement abâtardi qu'il ne ressemblait presque plus au froment ordinaire. Voilà ce que m'a raconté cet agriculteur, aujourd'hui décédé.

Il serait peut-être utile de reprendre cette expérience et même de la pousser plus loin ; peut-être, par ce moyen, pourrait-on retrouver ce froment primitif qu'on n'a rencontré nulle part.

Les agriculteurs modernes, à l'aide de la chimie, ont expliqué un fait qui paraît un peu phénoménal. En faisant incinérer les plantes et en en analysant les cendres, ils ont constaté quels sont les éléments qui les constituent.

On sait que les céréales prennent leur nourriture dans la terre, dans l'air et dans le fumier. Chaque espèce tire de la terre les éléments qui lui sont appropriés ; or, ces éléments ne se trouvent pas exclusivement dans la couche du sol arable, dont l'épaisseur, en général, n'est guère que de 15 à 18 centimètres. Lorsqu'ils sont absorbés par une culture, il faut un certain laps de temps pour que, au moyen de la capillarité, ils remontent des entrailles de la terre jusqu'à la surface. Une autre céréale trouve dans le sol arable des éléments qui lui conviennent, ou est moins exigeante.

Telle est, en substance, la théorie des chimistes qui se sont occupés d'agriculture. Je dirai, en passant, que c'est pour retrouver les éléments disparus dans le sol arable que les bons praticiens recommandent de dépasser quelquefois le sol arable, au moyen de labours plus profonds. C'est pour cela qu'on conseille de pratiquer, tous les dix ans, le défoncement, vulgairement dénommé minage, qui a pour but de ramener à la surface des couches considérables de sous-sol.

Quoi qu'il en soit de la théorie dont je viens de parler, il est certain qu'il est avantageux et même nécessaire de varier les cultures. De là est née la pratique des assolements.

Les auteurs ne sont pas tous d'accord sur les modes d'assolement. Plusieurs ont recommandé l'assolement quadriennal. Il y en a qui font revenir le trèfle sur le même sol tous les trois ans. Lorsqu'il s'agit de domaines d'une grande étendue, peu dotés en prairies, où il n'est pas possible d'obtenir du fumier en quantité suffisante, surtout dans les premières années d'exploitation, on recourt à la jachère. Il y a encore en France beaucoup de départements où la jachère est en usage.

L'expression jachère vient du mot latin *jacet;* elle signifie un champ non cultivé, à l'état de repos.

Le champ en jachère pendant trois, quatre années et plus, suivant les localités, attend que les éléments de fertilité lui adviennent du sol et de l'air. Mais on doit avoir soin d'y faire, chaque année, des labours profonds pour enfouir les herbes et faciliter l'action bienfaisante de l'air. On doit faire ces labours avant l'hiver et ne herser qu'au printemps.

Je n'entends pas faire la critique de divers assolements recommandés par des auteurs récents, qui n'étaient peut-être pas assez expérimentés. Ce n'est qu'après des expériences continuées pendant quinze et même vingt années qu'on peut apprécier le mérite d'un assolement. Toutefois, je suis autorisé, par une longue expérience, appuyée du témoignage d'anciens cultivateurs, à me prononcer énergiquement contre les assolements où le trèfle reparaît sur les mêmes terres tous les quatre ans.

Je sais que l'on peut avoir des succès pendant quinze ou vingt ans dans les terres de qualité exceptionnelle ; mais, après, le sol se refuse à produire des récoltes en trèfle de quelque valeur. C'est que le trèfle a besoin de potasse, et lorsqu'un sol, jusque dans sa base est épuisé en potasse, la culture de cette fourragère n'est plus possible, tant les produits sont chétifs.

Ce que je viens de dire du trèfle est aussi applicable à la luzerne et au sainfoin, qu'on a beaucoup trop prodigués.

Je répéterai ici ce que j'ai déjà dit quelque part, que c'est là la cause des doléances d'une foule de propriétaires qui se plaignent de ce que leurs terres ne produisent plus abondamment de ces fourragères ; ils ont tué *la poule aux œufs d'or*. Pendant plusieurs années, ils ont eu de belles récoltes ; ils ont enfoui les trèfles verts, et ont obtenu de beaux froments ; puis, en définitive, les terres étaient amaigries et ruinées. Qu'on se persuade bien que les prairies artificielles appauvrissent les terrains où elles ne croissent pas spontanément, et qu'on ne doit y revenir qu'en observant des intervalles raisonnables de temps, et après de copieuses fumures.

Ensuite des expériences que j'ai faites pendant trente ans, et sur le témoignage d'anciens cultivateurs, je crois qu'il est convenable d'adopter les règles suivantes :

En ce qui concerne le trèfle, il faut attendre au moins six ans pour les terres de première qualité. Il est mieux encore d'attendre neuf ans.

Pour le sainfoin et la luzerne, il est bon d'attendre un temps égal à la durée des prairies. Supposons qu'elles aient duré six ans, on attendra six ans avant de les cultiver de nouveau sur le même sol.

Maintenant j'arrive à mon sujet, et je tâcherai de défendre l'assolement triennal, qui est généralement l'assolement des deux départements de la Savoie, et qu'on a peut-être trop critiqué. Certes, j'aime le progrès et je ne m'agenouille pas quand même devant ce qui est ancien ; mais je pense que les anciennes

pratiques ont eu leur raison d'être en général.
Je les respecte, jusqu'à ce que l'on trouve
mieux. L'assolement triennal a quelquefois ses
abus, mais il a ses avantages lorsqu'il est bien
entendu. Pour faire comprendre comment
je l'entends, je raconterai ce que j'ai pratiqué,
laissant à mes lecteurs le soin de juger.

En premier lieu, je pose comme base fon-
damentale qu'il faut, dans toute ferme, une
dotation en prairies naturelles ou artificielles ;
je pose encore comme base que toute ferme
doit pourvoir à ses engrais sans compter sur
les engrais achetés. J'entends parler des engrais d'étable, sans exclure les amendements
faits dans la ferme même. Certainement je ne
proscris pas les engrais artificiels, dont quel-
ques-uns ont de la valeur ; mais ces engrais,
en général, n'ont pas de durée et coûtent fort
cher. Toute exploitation qui aurait pour base,
outre le fumier de ferme, les engrais artificiels, serait vicieuse, car si tous les propriétaires achetaient de ces engrais, leur fabrica-
tion serait impossible, ou du moins ils seraient
si coûteux que leur prix ne serait pas abor-
dable.

Je lis quelquefois dans les livres publiés
par des hommes en renom qu'il faut faire
telle culture, employer tant de mille kilogrammes de fumier par hectare, en outre tant
d'engrais artificiels. Or, lorsque je fais la
computation, je trouve que cela coûte beaucoup et que la ferme ne peut même produire
la moitié des fumiers formulés.

*Il faut*, comme on dit, *que la terre fasse le
fossé*. Il ne suffit pas, au moyen de ceci et de
cela, de présenter des terres à récoltes magni-
fiques : il faut qu'au bout de l'an il y ait un
revenu réel.

Près des centres populeux, on peut se procurer des engrais d'achat ; mais dans les campagnes, il faut compter sur les ressources de
la ferme.

De même que dans les budgets européens
modernes, on demande de l'argent, puis de
l'argent, et encore de l'argent, je dis que dans
un domaine, il faut se procurer du fumier,
puis du fumier, et encore du fumier. C'est là
tout le secret de l'agriculture. Mais, malheureusement, dans nos fermes, il ne se fait pas
le tiers du fumier nécessaire. Je ferai même

remarquer, transitoirement, que la culture
des pommes de terre absorbe souvent le tiers
du fumier, en sorte que les champs destinés
aux autres cultures ne sont fumés que très
imparfaitement. Puis, lorsqu'on est à la fin
des semailles, le fumier manque, et il y a des
pièces de terre qui n'ont d'autres secours que
celui de la Providence.

Je suis loin de combattre la culture de la
pomme de terre, mais je voudrais que cette
culture fût mieux soignée. Il faut la réduire
aux besoins du ménage. Je soutiens qu'en
employant les bonnes méthodes, on pourrait,
sur une surface donnée, produire le double et
le triple de ce qu'on produit habituellement.
La pomme de terre est une ruine pour les
domaines lorsque sa culture est mauvaise et
exagérée, en ce qu'elle absorbe immensément
de fumier, et qu'après l'extraction il ne reste
rien pour d'autre fumier. En effet, depuis
l'invasion de la maladie, les tiges se dessè-
chent et il n'en reste presque rien. Si le produit est abondant, ce qui est rare, le prix n'est
pas rémunérateur, et s'il est minime, il en
est de même. La pomme de terre est épuisante,

et le froment qui lui succède n'est jamais le plus beau. Enfin, la pomme de terre, si elle est précieuse pour la pitance, est un aliment peu nutritif : quatre livres de pommes de terre ne représentent pas comme aliment une livre de blé. Toutefois, la culture de la pomme de terre est avantageuse lorsqu'il est question de terrains neufs ou de défrichements qui exigent des fouillis et des sarclages.

J'écris pour tout le monde, et surtout pour la classe intéressante des campagnards, que j'estime et affectionne. Comme elle est encore peu familiarisée avec l'hectare et les ares, je me servirai de la dénomination de *journal* et *toises*. On sait que l'ancien journal de Savoie est de 29 ares 48 centiares, 30 ares en chiffres ronds ; le journal renferme 400 toises. Avec cette explication, je compte sur l'indulgence de la loi.

Voici comment j'ai pratiqué l'assolement triennal dans un petit domaine de vingt journaux, composé en majeure partie de terres de première qualité.

En 1854, il était en pleine exploitation avec assolement triennal de la manière suivante :

cinq journaux formaient la dotation en fourrage, un journal était en luzerne et quatre
journaux en sainfoin ; cinq journaux étaient
ensemencés en froment et cinq en seigle ; cinq
journaux étaient destinés aux cultures du
printemps ; mais sur ces cinq journaux, un
journal et demi était en trèfles qui avaient été
semés l'année précédente sur le seigle. Il restait donc en disponibilité au printemps trois
journaux et demi. On a cultivé en pommes de
terre cent toises avec fumure copieuse ; le
terrain avait été labouré à la pelle sur la fin
de l'automne. Les tubercules étaient plantés
entiers, à la distance de dix-huit pouces en tous
sens ; on divisait seulement en deux les plus
gros. On a sarclé avec l'instrument usité dans
l'arrondissement de Chambéry, qui a, d'un
côté, deux pointes, et de l'autre une lame
destinée à briser les mottes. Avec lès pointes,
on arrache l'herbe et on fouille légèrement le
sol au-dessous de la tige. Au moyen de la distance de dix-huit pouces, on butte facilement de
manière à ne pas dégarnir la base de la plante,
qui n'a pas à redouter ainsi la sécheresse. Les
racines naissantes, ayant à leur disposition

une surface large, se développent mieux ; les tubercules alors sont plus nombreux et plus gros.

Ce mode de plantation est bien préférable à celui usité dans nos campagnes. En effet, on a la mauvaise habitude de trop diviser les tubercules de semence. Il y a même des cultivateurs qui ne plantent que les yeux de la pomme de terre, réservant le centre pour le ménage. C'est une pratique abusive : il faut que l'œil trouve sa première nourriture dans le tubercule, où il rencontre une fraîcheur salutaire. Autre abus : on ne garde pas même une distance d'un pied entre les semences ; souvent on les plante à huit pouces. On sarcle avec un instrument appelé *fosseret*, qui ne fouille pas le sol ; les herbes ne sont pas arrachées totalement, fréquemment elles repoussent. Comme il y a peu d'espace entre les tiges, le buttage se termine en cône aigu, en sorte que les racines n'ont pas de la facilité à se développer. Si la sécheresse survient, la végétation est arrêtée. En outre, avec une grande multiplicité de plantes, la terre s'appauvrit.

J'ai constaté qu'avec mon mode de plantation, 100 toises produisaient davantage que
200 toises cultivées suivant la routine du
pays ; mes tubercules étaient nombreux et
gros. J'ai fait voir tout cela à mes voisins, qui
se disaient convaincus et ne laissaient pas que
de suivre leur routine, parce que les femmes
tenaient à garder une partie des tubercules
de semence pour le ménage.

Après la plantation des pommes de terre, il
me restait trois journaux et cent toises, sur
lesquels je prenais un journal entier pour un
semis de betteraves. Le terrain avait été pré-
paré par un bon labour d'automne, avec la
charrue et quelquefois avec la pelle, ce qui
est bien préférable. On semait les graines avec
la main, en gardant une distance de deux
pieds en tous sens. Sur chaque capot on mettait deux graines avec distance d'un pouce.
Quelquefois les graines ne lèvent pas toutes,
c'est pour cela que je préfère employer deux
graines. Si elles lèvent toutes deux, on arrache la plus petite plante lorsqu'elles sont bien
développées. J'ai remarqué que ce procédé
est préférable à celui du repiquage là où les

graines n'ont pas levé. Les plantes repiquées réussissent mal et restent petites. Aussitôt que les graines avaient levé et avaient trois pouces de long, on sarclait minutieusement pour les débarrasser de l'herbe ; lorsqu'elles avaient six pouces de haut, on faisait sur tout le champ un léger labour avec l'instrument appelé *essarde,* qui n'est autre qu'une houe à un seul tranchant. Je ne dois pas omettre de dire que lorsqu'on sème les graines, il faut se garder de les enfoncer trop bas en terre, on doit les enterrer seulement à une profondeur de six lignes environ ; mais il faut avoir soin de tasser le sol avec la paume de la main.

Au bas de la fosse à fumier, légèrement pentueuse, il y a, dans ma ferme, un réservoir à purin. Quelquefois, lorsque le purin était très abondant à la suite des pluies, je le faisais porter, mélangé de six fois son volume d'eau, sur le champ de betteraves au moyen d'un tonneau ; on arrosait les plantes avec des arrosoirs sans pomme.

Je dois dire que, lors du labour pour l'ensemencement, je faisais fumer très abondamment le terrain. La betterave est avide de fumier, c'est une plante très épuisante. Si on ne fume pas copieusement, le froment qui succède n'est pas très beau.

Avec ce système de culture, j'obtenais par journal, en général, de 140 à 150 quintaux métriques de racines ; je pouvais en montrer qui pesaient de six à huit kilogrammes.

Pour ne rien omettre de ce qui concerne cette culture, je dois ajouter qu'il faut arracher les racines avec précaution et bien se garder de les entamer, sinon elles pourrissent facilement. Il n'est pas nécessaire de les débarrasser de toute la terre qui les entoure ; l'essentiel est de faire sécher, alors la terre contribue à la conservation des racines.

Les betteraves semées, il me restait à disposer de deux journaux et cent toises sur l'assolement du printemps. Je divisai cette surface en quatre parties, représentant 225 toises : chaque lot était successivement cultivé en maïs vert, destiné aux vaches, par intervalles de quinze jours. On labourait le premier lot du 15 avril au 1er mai, aussitôt que les fortes gelées n'étaient plus à craindre ; on semait drû, afin que les plantes de maïs fussent, bien serrées et étouffassent l'herbe, et encore pour qu'elles fussent moins grosses et d'une mastication plus facile pour les vaches ; on fauchait le maïs aussitôt qu'il accusait des fleurs et de façon à ne pas en permettre le développement.

Malheureusement, dans notre pays, on ne pratique pas assez l'emploi du maïs vert comme fourrage ; on attend, pour le couper, que la fleur soit bien développée et que les épis soient formés. C'est là un grave abus ; les tiges sont dures et les bestiaux ne les rompent pas facilement, en sorte qu'il s'en perd beaucoup. Puis, il faut retenir que c'est aux époques de la floraison et de la granification que les terres s'épuisent et perdent le bienfait du fumier : c'est pour cela que le froment est toujours moins beau dans la partie des trèfles qui a été réservée pour la graine.

On comprend pourquoi je mettais un intervalle de quinze jours pour le labourage des quatre lots destinés au maïs : les vaches mangeaient jusqu'à la fin des plantes tendres et juteuses, et il s'en perdait très peu dans l'étable.

Dans mon assolement, la culture du froment est la chose principale ; il succède au maïs vert, aux pommes de terre, aux betteraves et au trèfle enfoui ; il ne succède à aucune céréale. C'est un grand point. Le froment n'est pas aussi beau après l'avoine et l'orge. Du reste, je pense que l'avoine est préférable à l'orge. L'avoine laisse une bonne paille qui sert à faire de l'engrais. La paille de l'orge est chétive et donne un fumier très médiocre. On sait, d'ailleurs, que le froment ne réussit pas après l'orge ; il paraît que les racines de l'orge laissent suinter des sucs délétères pour le froment. C'est sans doute pour cela que, dans quelques pays, on arrache l'orge au lieu de la moissonner.

Je conseille à ceux qui cultivent l'orge et la moissonnent de *déchaumer* aussitôt après la moisson, au moyen d'un léger labour appelé *lippage*, labour très précieux et dont je m'occuperai spécialement dans une autre notice.

Lorsque l'orge est mêlé à la vesce, vulgairement dénommée *pesette*, mélange qui produit ce qu'on appelle le *pesatu*, elle est moins nuisible, parce que les feuilles de la vesce, en

2

se desséchant, se répandent sur le sol et font office de fumier. Mais, avec la climature que nous avons dès longtemps, le *pesatu* ne réussit pas, surtout dans les plaines ; il demande, du reste, des terres fortes.

Le grand avantage de mon assolement vient de ce que le froment ne succède pas à aucune céréale, et encore de ce que, le maïs vert restant très peu en terre et étant coupé avant la floraison complète et surtout avant la granification, le terrain ne s'appauvrit pas ; car, je rappelle de nouveau que c'est la granification qui épuise le sol. Des chimistes agriculteurs ont évalué que la formation de l'épi de froment épuise la terre quinze fois plus que toute la végétation herbacée.

Je fumais très abondamment mon maïs vert, et en général toutes mes terres, car avec mon système on dispose d'énormes quantités de fumiers : on fume deux fois et trois fois plus qu'on ne le fait généralement.

Voici, du reste, comment mes vaches, au nombre de six, étaient nourries et traitées. Durant l'hiver, elles ne mangeaient presque que du foin ; à peine mélangeait-on au foin le

dixième de la paille de froment. On leur ser-
vait chaque jour un apprêt de betteraves ; on
râpait environ deux gerlées de ces racines et
on mettait la pulpe dans un grand baquet en
pierre ; on faisait chauffer jusqu'à ébulition de
l'eau chaude, dans la proportion de 60 litres,
qu'on versait sur la pulpe. On agitait le tout
avec un bâton, puis on couvrait le baquet.
Après quinze minutes, les vaches avalaient
avec friandise cette sorte de soupe. On sait
que plus les vaches boivent plus elles ont du
lait ; c'est encore mieux lorsqu'elles avalent
une eau imprégnée de principes nutritifs. Une
vache bien nourrie au vert fait trois fois plus
de fumier qu'une vache mise au régime de la
paille, et le fumier vaut deux fois plus. J'avais
soin de faire distribuer du sel à mes vaches,
dans la proportion d'un quart de livre pour
chacune, par semaine.

Au printemps, sur la récolte en seigle, on
avait semé du trèfle sur une surface d'un
journal et demi, et on choisissait la partie du
champ qui avait été le mieux fumée antérieurement. Sur les trois journaux et demi res-
tants, on réservait 200 toises pour la culture

des raves, après la récolte du seigle. On fumait encore abondamment.

Restait en disponibilité trois journaux. Ces trois journaux étaient cultivés en sarrasin, pour deux journaux et demi, et le surplus en maïs vert, avec demi-fumure pour le maïs seulement. Les vaches, dès la fin de mai, mangeaient de la luzerne, puis ensuite à peu près un tiers des trèfles verts ; après quoi elles avaient à dévorer du maïs vert, ordinairement jusqu'au 15 novembre.

Les quatre journaux cultivés en sainfoin produisaient beaucoup. J'avais créé en deux fois cette prairie artificielle, afin d'avoir assez de fumier. Chaque fois j'avais fumé abondamment.

Je faisais semer la graine de sainfoin seule et bien drû. Selon moi, c'est un mauvais procédé que de semer le sainfoin sur récolte pendante, ce qui produit des clairières et la croissance de l'herbe qui tue le sainfoin. Qu'on n'oublie pas que, pour avoir une prairie en sainfoin de longue durée, le fumier est nécessaire !

En somme, voici quels ont été mes produits de tout genre en 1854 :

63 veissels de froment et 57 veissels de seigle, distraction faite des semences, le tout vendable ; — 30 gerlées de pommes de terre ; — 35 gerlées de raves ; — 30 veissels de sarrasin (1).

Mes vaches, outre le lait et le beurre de ma maison, ont produit plus de 1,200 fr., d'après les notes écrites.

Il me semble que ces produits sont respectables. Pour le froment, c'est plus de 11 hectolitres au journal et de 34 hectolitres à l'hectare.

En 1856, pour cause de changements survenus dans ma famille et d'autres motifs, j'ai acensé mon domaine à bail à ferme. Si j'avais continué l'exploitation, j'aurais successivement créé, aux temps convenables, d'autres prairies en sainfoin et luzerne, en enfouissant les premières, ce qui m'aurait donné d'immenses récoltes en froment.

Je dois dire que dans ma ferme il n'y avait pas de bœufs. Je me servais des bœufs d'un autre domaine assez considérable. Il est vrai

(1) Le veissel est d'une contenance de 88 litres.

qu'on pouvait mettre à la charrue mes vaches qui étaient fortes et vigoureuses ; mais naturellement, elles auraient produit moins de lait.

J'attribue les succès que j'ai obtenus à la culture du maïs vert : c'est sans contredit le plus abondant des fourrages ; il renferme beaucoup de principe saccharin et est très nourrissant. Une année, j'ai essayé de le faire sécher sur une surface d'environ 50 toises, dans le mois de juillet. Je l'ai divisé en javelles coniques, en écartant le pied des tiges et en liant le sommet avec deux feuilles, à peu près comme on fait sécher le sarrasin. Le deuxième jour, la dessication était complète. Il a été mis en tas au fenil, et a servi aux vaches pendant l'hiver. Je rappelle ici que, dans le département de la Savoie, on met en fagots les tiges desséchées du maïs qui a produit des épis. Pendant l'hiver, on concasse les tiges avec un maillet en bois ; on les coupe en morceaux et on les livre ainsi aux vaches, qui en sont friandes, et auxquelles elles sont profitables.

Je lis dans le *Cultivateur de la Suisse romande*, journal publié à Genève, feuille du

13 novembre 1867, un passage que je crois devoir transcrire :

« Depuis plusieurs années, M. Bodin cultive
« à la ferme des Trois-Croix, en Bretagne,
« le maïs géant du Nicaragua sur une étendue
« de près de deux hectares. Les qualités nu-
« tritives de ce fourrage sont aujourd'hui
« reconnues de toutes les personnes compé-
« tentes. Le rendement en a été de 75,000
« kilogrammes à l'hectare. On ne doit pas se
« dissimuler qu'il est très exigeant pour la
« qualité de la terre et la quantité d'engrais,
« mais quand on peut le faire venir, c'est
« vraiment merveilleux. »

75,000 kil. à l'hectare feraient 2,900 quin-taux métriques au journal : c'est un produit extraordinaire.

J'ai cultivé le maïs blanc. Supposons que ce maïs produise la moitié moins, soit 1,450 quintaux métriques au journal, ce serait un rendement double de celui de la luzerne. Mais la luzerne n'est que temporaire ; après trois ans ses produits diminuent considérablement, tandis que le maïs cultivé selon ma méthode donne constamment beaucoup de fourrage.

Le terrain où il a crû est frais et peu appauvri ; on laboure sans fumier et le froment est plus beau que partout ailleurs. J'ai pu montrer, avec l'orgueil du cultivateur satisfait, des champs dont le froment, à l'époque de la moisson, avait cinq pieds de haut. Comme il me restait beaucoup de fumier disponible, aux semailles de l'automne, je l'employais à fumer mon champ de seigle, souvent en entier. Je fumais avant tout la partie du champ où il y avait eu antérieurement du trèfle. Par conséquent, tout était fumé dans mon domaine. Qu'on juge combien on peut faire de fumier avec les pailles productives de 63 veissels de froment et de 57 veissels de seigle, pailles dont les dimensions étaient énormes ! J'ajouterai, en passant, que lorsqu'on laboure le sol où a crû le maïs, il faut faire suivre la charrue par une femme ou un enfant pour ramasser dans le sillon les tiges de racines qui errent à la surface ; ces tiges pourrissent et sont un engrais végétal.

Mais, diront peut-être les adversaires de mon assolement, vous cultivez le sarrasin après le seigle, et le sarrasin est proscrit par les auteurs comme plante épuisante... Je conviens que le sarrasin est épuisant et qu'il a des inconvénients dans les fermes mal ou insuffisamment fumées. Mais mon assolement doit être apprécié dans son ensemble. Avec ma méthode, toutes les terres sont saturées d'engrais. Il m'est même arrivé, après les semailles d'automne, d'en avoir en excédant, que je faisais transporter dans mes vignes. Le sarrasin a ses avantages, il détruit l'herbe ; c'est une culture dérobée qui a sa valeur, il produit de la paille pour le fumier ; cette paille peut être utilisée avec succès dans les fermes où il y a des prairies naturelles ; étendue sur les prés, elle les protége pendant l'hiver ; au printemps, elle est à peu près consumée, et le produit des prés s'accroît dans la proportion de 40 0/0. Le sarrasin remplace l'avoine pour les chevaux ; réduit en farine, il est bon pour la volaille, pour les porcs et pour les vaches ; on devrait toujours en mettre dans l'eau dé l'abreuvoir. Durant plusieurs années d'abondance, le sarrasin ne s'est vendu que cinq ou six francs l'hectolitre. Or, le propriétaire bien avisé ne devrait jamais porter au marché le sarrasin se vendant si peu : qu'il l'utilise de la manière que je viens d'indiquer, et alors il en retirera un produit durable !

Il y a aussi des doctrinaires, gens faisant de l'agriculture dans les fauteuils, qui veulent proscrire la culture du seigle : ils voudraient que tous les citoyens se nourrissent de froment. C'est un vœu plein de philanthropie ; mais nous n'en sommes pas encore là. Il n'est pas possible de ne cultiver que du froment : nous avons dit pourquoi. Le seigle n'est point une mauvaise nourriture ; à la campagne, l'estomac n'est pas aussi débilité que dans les villes. M$^{me}$ de Sévigné a écrit quelque part que, sous Louis XIV, les grandes dames mangeaient du pain de seigle. On peut, du reste, mélanger le froment au seigle dans la proportion d'un quart, comme déjà on le fait dans quelques ménages. Mais le seigle est très précieux : 1° il vient sans fumure après le froment ; 2° sa paille est indispensable aux toits couverts en chaume ; 3° il produit immensément de paille, avec laquelle on fait de l'engrais.

Je conseillerai encore aux agriculteurs, toutes les fois que le seigle ne se vend que 9 ou 10 francs l'hectolitre, de l'utiliser pour le service des vaches, des bœufs destinés à la boucherie et des porcs. Avec un pareil emploi, l'hectolitre produira plus de 15 francs. Dans une ferme bien régie, il faut songer au bétail, qui donne du fumier ; il faut aussi produire de la viande dont le prix s'accroît incessamment.

Je ne prétends pas qu'on suive mon exemple en tous points : il est même bon de cultiver quelque peu d'avoine lorsqu'il y a des chevaux, des haricots, des fèves, pour l'usage de la maison ; mais je pense qu'on ferait encore mieux en achetant tout cela sur le marché. Les récoltes sarclées exigent des façons et des journées de travail. Aujourd'hui, il n'y a rien de plus cher que les journées d'ouvriers et le salaire des domestiques. Tout compté, cent toises de maïs vert valent plus que cent toises de plantes sarclées.

En ce moment, on parle beaucoup de culture intensive, au moyen des engrais artificiels. J'ai émis mon opinion sur ces engrais.

On a parlé surtout de la culture intensive lorsque le froment se vendait 13 à 14 francs l'hectolitre. Dans une Notice reproduite par le *Mont-Blanc*, j'ai dit que tôt ou tard la production dépasserait les besoins de la consommation. J'insiste à mon opinion, malgré la cherté actuelle des céréales, qui n'est qu'un fait accidentel. Mais il me semble que ceux qui, à propos de la vilité du prix, conseillaient la culture intensive pour avoir plus à vendre, se faisaient illusion. Lorsqu'il y a surabondance de denrées alimentaires, et par suite abaissement des prix; lorsqu'il y a un excédant de ces denrées, ce n'est pas résoudre le problème que d'en forcer la production. Je répète ici ce que j'ai dit : l'estomac ne peut se remplir deux fois, et que fera-t-on des excédants ?

Sans m'en douter, j'ai fait, je crois, de la culture intensive. En ce temps-là, on ne connaissait pas ce mot magique ; mais si j'ai fait de cette culture merveilleuse, c'est avec les seules ressources de mon petit domaine, sans acheter du guano, de la poudre d'os, dont je connais la valeur, mais dont je sais le prix, et sans acheter de ces drogues décorées du titre d'engrais artificiels.

J'admirais la bonhomie de ces braves gens qui achetaient une composition destinée au pralinage des blés de semence. Au dire de l'inventeur, il suffit de praliner, c'est-à-dire de saupoudrer les grains avec une certaine composition pour obtenir des résultats merveilleux.

Je livre mon petit travail à l'examen et à la critique. Qu'on fasse des expériences, et l'on se convaincra que le maïs vert cultivé en grand comme fourrage est une pratique excellente.

Aujourd'hui, si je recommençais la carrière d'agriculteur, au lieu d'un cinquième assigné à la dotation en foin, je mettrais un tiers. J'aurais un peu moins de céréales, mais je nourrirais plus de bétail.

Le moment est venu de produire de la viande, que la France est obligée d'aller acheter en pays étranger, et dont la valeur s'accroît partout.

Cette notice était rédigée depuis deux mois lorsque les journaux ont rendu compte des succès obtenus par M. Ville, ce célèbre chimiste dont les travaux sont destinés à produire une vraie révolution en agriculture. Les résultats obtenus sont immenses. Il faut donc faire des essais. Il est vrai que ces engrais sont assez coûteux. Il s'agit de savoir si leurs effets seront durables, et s'ils n'auront pas pour conséquence de ruiner les terres, à la différence des fumiers de ferme qui améliorent le sol et en augmentent la qualité. Ces fumiers, en effet, se changent en humus, et l'humus est la cause première de la fertilité. J'ai lu dans le *Salut public* de Lyon, du 21 avril 1868, un article de M. Morin, qui n'admet pas toutes les vertus des engrais de M. Ville. Je copie cet article, qui fera suite à ma notice. Aux lecteurs d'apprécier et juger.

———

Monsieur le rédacteur du *Salut Public*,

J'ai lu dans votre estimable journal du 27 mars un article de M. Georges Ville, où le célèbre agriculteur explique l'efficacité de ses engrais complets. Sans songer à me mesurer avec M. Ville, je viens me permettre quelques observations sur des allégations que ma longue pratique me donne la hardiesse de mettre en doute.

Les engrais chimiques pour moi ne sont pas nouveaux. En 1816, il y avait en vogue l'engrais alcalin azoté, et l'on doit se rappeler d'avoir vu à la façade de Bellecour., côté du Rhône, une enseigne monstre où on lisait : *Nouvel engrais chimique azoté avec base de phosphates et addition de potasse.* Rien de cela n'est resté dans le domaine de la pratique.

M. Ville dénigre un peu l'engrais de litière, et c'est la première fois que j'entends dire qu'on ne peut, par leur emploi judicieux, arriver à une bonne production. Ils font moins produire spontanément que les engrais chimiques, c'est vrai! mais leur effet est durable; tandis que les amendements donnent un coup de feu ardent, mais qui, une fois éteint, ne se rallume plus.

Voici, d'après M. Ville, des calculs sur des essais faits dans la Champagne-Pouilleuse :

80,000 kilogr. de fumier ont donné seulement 13 hectolitres de blé par hectare, tandis que, avec 1,200 kilogr. d'engrais chimiques, on a eu 33 hectolitres. Le rapport entre le fumier et le produit ne serait qu'au-dessous de l'ordinaire, tandis que le rendement, à la suite de l'engrais chimique, effleure l'extraordinaire. Pourtant, on fait produire au-delà de cette quantité avec d'autres amendements également stimulants.

Un hectolitre de blé pèse environ 75 kilogr., on en a obtenu 33 par hectare, c'est donc $33 \times 75 = 2,475$; mettons autant de paille, ce sera 4,950 kilogr. produits avec 1,200 kilogr. A ce compte, il est bien constant qu'une autre matière que l'engrais a fourni les 3,750 kilogr. qui

sont en plus, et encore si l'on avait analysé le
sol après la récolte, on y aurait retrouvé ledit
engrais, à peu près en entier, moins sa vertu
physique.

En agissant ainsi, on serait loin de suivre le
précepte de M. Ville, qui recommande de rendre à la terre ce qu'on lui prend : « Rendre à la
terre plus de phosphate, plus de potasse et de
chaux que les récoltes ne lui en font perdre. »
Mais voici des objections: On vient d'affermer
l'ancien cimetière de Villefranche à un horti-
culteur; eh bien ! malgré la masse de potasse
qui doit y exister, la végétation y est, sinon
moindre, au moins pas plus forte que dans les
terrains contigus qui sont francs. Pour la potasse, ce sont les vignes et les bois qui la four-
nissent et on n'y en porte jamais point. La
chaux, elle, ne produit de l'effet que dans les
terres froides et devient nuisible dans les sols
chauds, lors même qu'ils n'en contiennent point.

« Lui rendre, en outre, 50 0/0 de l'azote que
les plantes contiennent. » Pour cela il n'y a qu'un
fournisseur, et son magasin est bien fourni.

En comparant les amendements aux engrais
chimiques, voici ce qui se pratique.

La poudre d'os *cuits* mise dans un sol hu-
mide, fait produire en récolte environ vingt
fois son poids.

Les débris de cornes ou de laine, mis dans
un fort terrain calcaire ou non, font produire
en vin ou céréales environ vingt-cinq fois leur
poids.

Les trouilles de colza, mises dans les terres
ordinaires, font produire en récoltes de tous
genres environ vingt-cinq fois leur poids.

La chaux, environ quinze fois son poids.

Pour obtenir ce résultat, il faut que ce mode d'amendement n'ait pas été employé dans le même terrain depuis au moins huit à dix ans.

La quantité de produits obtenus doit sembler étonnante ; mais on sera encore plus étonné quand on saura que ces substances introduites se retrouvent dans le sol quand la récolte a été enlevée (1).

Où donc les récoltes prennent-elles les éléments de leur constitution ?

Depuis la création du monde, la nature a son système de production établi ; il est bien certain qu'elle n'a compté sur l'homme ni pour en régler l'ordre, ni pour en fournir les matériaux.

Pour exécuter son œuvre elle a dû, avant tout, créer les moyens d'y pourvoir, et, pour cela, elle a formé le fluide ambiant en faisant passer à l'état gazeux, par la chaleur, la partie la plus volatile de l'écorce terrestre, et, chose admirable, les moyens de transformation se trouvaient disposés par la même action. Ainsi on voit de ses yeux les buées et les fumées formées des éléments qui s'échappent des corps en décomposition retourner à l'air, et on sent l'odeur de celles qu'on ne voit pas ; ces éléments étaient venus, se dérobant à tous nos sens, constituer ces corps. Ce mystère caché a laissé l'homme dans l'ignorance du phénomène, et il établit

(1) On sera peut-être moins étonné quand on réfléchira que l'avoine est encore dans le corps du cheval, quand déjà il a dépensé l'ardeur qu'elle lui a communiquée.

clairement que les végétaux ne se forment que de matières invisibles et insaisissables.

Deux puissances opposées font mouvoir la matière qui n'est sous l'influence d'aucune pression: c'est le froid et le chaud. L'effet de ces mouvements fait subir à la matière organique trois conditions: la première qui est la primitive, dans l'air à l'état gazeux; la deuxième dans la terre à l'état de fertilité, et la troisième sur la terre à l'état de production, et voici comment cela se fait tout seul: pendant l'été, la chaleur ouvre le sein de la terre par la siccité et l'air chaud, contenant, comme on sait, 79 parties d'azote, 21 d'oxygène, et pesant, compte rond, 1,300 grammes par mètre cube, occupe instantanément tous ces vides; le soir, la rosée tombant sur le sol fait nécessairement éprouver à l'air contenu un refroidissement qui le condense, ce qui permet à une certaine quantité d'eau quelconque d'entrer avec lui; puis, pendant la nuit, l'eau ou la rosée devenant de plus en plus abondante et plus froide, condense encore les deux éléments contenus et les force à se combiner.

L'époque de ce mystérieux phénomène commence par chaleur décroissante, aussitôt que le soleil perd de sa force; la grande action a lieu au mois d'août, qui est l'époque où l'équilibre des deux puissances est le mieux proportionné, et tout est fini vers l'équinoxe de septembre. Alors l'air étant devenu moins chaud et l'eau devenue plus abondante et plus froide, il y a forcément augmentation de refroidissement et par suite cessation de fertilisation. L'hiver vient ensuite faire son office et, par la gelée, dilater

la terre, ce qui facilite les moyens de l'enfante-
ment.

Au printemps, la fertilité sort de sa léthargie
et doit, par chaleur croissante, se transformer.

Sans cesser de se prêter leur concours, les
éléments extérieurs libres avec ceux fixés dans
le sol en fertilité se partagent l'œuvre de la
création. L'air et l'eau, s'introduisant par les
feuilles, descendent jusque vers les racines qui
sont dans un centre chaud, et se répartissent
dans tous les organes du végétal, et, quand la
plante a pris son entier développement, la fertilité, pour se constituer en production, monte
vers les organes génitaux devenus alors des centres plus chauds que ceux de la terre.

Telle est la marche admirable de la production végétale; plantes et fruits, tout se fait avec
de l'air et de l'eau, et non avec des drogues en
putréfaction.

Voici les effets des engrais :

Les engrais ou fumiers de litière produisent
dans le sol une chaleur soutenue. Emanant de
principes terreux, quand on les remet dans la
terre ils augmentent la puissance de son tem-
pérament. En termes pratiques, ils font le terrain.

Les amendements, faits de substances isolées,
ont besoin de la réaction des minéraux consti-
tuant le sol pour produire leur effet; il y a,
alors, une action plus directe et plus intense, ce
qui produit une chaleur plus violente et plus
générale qui fait produire, à la fois, toute la fertilité amassée.

## CONCLUSION.

La matière atmosphérique est *seule* dans les conditions de reproductibilité; tous les efforts des agriculteurs doivent tendre à en faire entrer le plus possible dans la couche végétale par une bonne culture (1). La source de la production est là, et non dans le guano du Brésil ni ailleurs.

J.-A. Morin.

Ceux qui ont à leur disposition le *Sud-Est*, de Grenoble (feuille de mars 1868), peuvent consulter une notice très remarquable de M. le marquis de Virieu sur les engrais susdits.

FIN.

(1) Par de profonds labours, on arrive aisément à faire entrer 29,000 kilogr. d'air dans la terre par hectare.